Sammlung der Bestimmungen

über die

Prüfung der Nahrungsmittel-Chemiker

für das

Deutsche Reich

und die einzelnen Bundesstaaten.

Springer-Verlag Berlin Heidelberg GmbH
1898.

ISBN 978-3-642-98921-6 ISBN 978-3-642-99736-5 (eBook)
DOI 10.1007/978-3-642-99736-5

Inhaltsverzeichniss.

Seite

I. Vorschriften, betreffend die Prüfung der Nahrungsmittel-Chemiker. Vom 22. Februar 1894 1

II. Rundschreiben des Reichskanzlers (Reichsamt des Innern), betr. die Prüfung der Nahrungsmittel-Chemiker. Vom 26. Januar 1897 19

III. Bestimmungen der einzelnen Bundesstaaten, betreffend die Prüfung der Nahrungsmittel-Chemiker 21

    1. Preussen. Bekanntmachung, betreffend die Zusammensetzung der Prüfungs-Kommissionen für Nahrungsmittel-Chemiker. Vom 10. Mai 1895 .. 21

        Verzeichniss der Kommissionen für die Prüfung der Nahrungsmittel-Chemiker 23

        Erlass des Ministers der geistlichen p. p. Angelegenheiten, betreffend die Prüfung der Nahrungsmittel-Chemiker. Vom 4. November 1896 ... 24

    2. Bayern. Königliche Verordnung, die Prüfung von Nahrungsmittel-Chemikern betreffend. Vom 14. Juni 1894 25

        Erlass des Königlichen Staatsministeriums des Innern für Kirchen- und Schulangelegenheiten, betreffend den Vollzug der Prüfungsvorschriften für Nahrungsmittel-Chemiker. Vom 4. Oktober 1894 .. 27

    3. Sachsen. Verordnung, die Prüfung der Nahrungsmittel-Chemiker betreffend. Vom 23. Juli 1894 .. 31

        Schema des Befähigungsausweises als Nahrungsmittel-Chemiker 33

	Seite
Verordnung, betreffend die Auswahl von Sachverständigen für Gutachten bei Handhabung des Nahrungsmittelgesetzes. Vom 3. November 1894	33
4. Württemberg. Königliche Verordnung, betreffend die Prüfung der Nahrungsmittel-Chemiker. Vom 21. September 1894	34
5. Baden. Verordnung, die Prüfung der Nahrungsmittel-Chemiker betreffend. Vom 18. August 1894	36
6. Hessen. Verordnung, die Prüfung der Nahrungsmittel-Chemiker betreffend. Vom 4. August 1894	38
7. Mecklenburg-Schwerin. Verordnung, betreffend die Prüfung der Nahrungsmittel-Chemiker. Vom 7. September 1894	40
Bekanntmachung, betreffend Beeidigung und Bestellung von Sachverständigen für Nahrungsmittel-Chemie. Vom 8. September 1894	42
8. Sachsen-Meiningen. Bekanntmachung, betreffend die Prüfung der Nahrungsmittel-Chemiker. Vom 30. März 1895	43
9. Braunschweig. Bekanntmachung des Herzoglichen Staatsministeriums, betreffend die Prüfung von Nahrungsmittel-Chemikern. Vom 20. August 1894	44
10. Hamburg. Verordnung, betreffend die Prüfung der Nahrungsmittel-Chemiker. Vom 17. Juni 1895	47
11. Elsass-Lothringen. Verfügung des Ministeriums, Abtheilung des Innern, betreffend Prüfung der Nahrungsmittel-Chemiker. Vom 21. Juli 1897	49
IV. Verzeichniss der Anstalten zur technischen Untersuchung von Nahrungs- und Genussmitteln, an welchen die nach § 16 Abs. 1 Ziffer 4 und Abs. 4 der Prüfungsvorschriften für Nahrungsmittel-Chemiker vorgeschriebene $1^1/_2$-jährige praktische Thätigkeit in der technischen Untersuchung von Nahrungs- und Genussmitteln zurückgelegt werden kann	50

I.

Vorschriften,

betreffend die

Prüfung der Nahrungsmittel-Chemiker.

Vom 22. Februar 1894.

Die Bundesregierungen haben sich in der Sitzung des Bundesraths vom 22. Februar 1894 über den ihm am 28. Juni 1892 vorgelegten Entwurf von Vorschriften, betreffend die Prüfung der Nahrungsmittel-Chemiker, verständigt[1]).

Hiernach sind am Sitze der dafür geeigneten Universitäten und technischen Hochschulen Kommissionen zur Prüfung von Nahrungsmittel-Chemikern von denjenigen Bundesregierungen, die sich dazu entschlossen haben, gebildet worden (s. unten). Den Prüfungen sollen die im Nachstehenden abgedruckten Vorschriften zu Grunde gelegt werden; die Entscheidungen über die Zulassung der im § 5 No. 1 und 2 der erwähnten Vorschriften vorgesehenen Ausnahmen sowie über die Anerkennung der Diplomprüfungen (§ 16 Absatz 2) sollen nur im Einvernehmen mit dem Reichskanzler getroffen werden. Den als reif befundenen Prüflingen werden Befähigungsausweise ertheilt.

---

[1]) Die Vorschriften sind demgemäss in den einzelnen Bundesstaaten nicht ohne Weiteres, vielmehr erst auf Grund entsprechender Anordnungen der Landesregierungen in Kraft getreten, (s. u.)

Die Prüfungseinrichtungen sind mit dem 1. Oktober 1894 ins Leben getreten.

Die für den Zeitraum eines Jahres nach dem vorbezeichneten Termine in Geltung gewesenen Übergangsbestimmungen setzten Folgendes fest: Den als Leiter staatlicher Anstalten zur Untersuchung von Nahrungs- und Genussmitteln angestellten Sachverständigen wird der Befähigungsausweis unter Verzicht auf die Prüfungen und deren Vorbedingungen ertheilt; den Leitern anderer als staatlicher Anstalten der vorbezeichneten Art jedoch nur, sofern sie nicht mit ihrem Einkommen ganz oder zum Theil auf die Einnahmen aus den Untersuchungsgebühren angewiesen sind. Hinsichtlich anderer als der vorgenannten Sachverständigen ist die Ertheilung des Befähigungsausweises unter gänzlichem oder theilweisem Verzicht auf die Prüfungen und deren Vorbedingungen davon abhängig gemacht, dass dieselben nach dem Gutachten einer der für die Prüfung von Nahrungsmittel-Chemikern eingesetzten Kommissionen nach ihrer wissenschaftlichen Vorbildung und praktischen Übung im Wesentlichen den Anforderungen genügen, welche die neuen Bestimmungen an geprüfte Nahrungsmittel-Chemiker stellen.

Die Chemiker, welche den Befähigungsausweis erworben haben, sollen vornehmlich bei der öffentlichen Bestellung (§ 36 der Gewerbeordnung) von Sachverständigen für Nahrungsmittel-Chemie, ferner bei der Auswahl von Gutachtern für die mit der Handhabung des Nahrungsmittelgesetzes in Verbindung stehenden chemischen Fragen, sowie bei der Auswahl der Arbeitskräfte für die öffentlichen Anstalten zur technischen Untersuchung von Nahrungs- und Genussmitteln (§ 17 des Nahrungsmittelgesetzes) eine vorzugsweise Berücksichtigung finden.

Vorschriften, betreffend die Prüfung der Nahrungsmittel-Chemiker.

§ 1. Über die Befähigung zur chemisch-technischen Beurtheilung von Nahrungsmitteln, Genussmitteln und Gebrauchsgegenständen (Reichsgesetz vom 14. Mai 1879, Reichs-Gesetzbl. S. 145) wird demjenigen, welcher die in Folgendem vorgeschriebenen Prüfungen bestanden hat, ein Ausweis nach dem beiliegenden Muster ertheilt.

§ 2. Die Prüfungen bestehen in einer Vorprüfung und einer Hauptprüfung.

Die Hauptprüfung zerfällt in einen technischen und einen wissenschaftlichen Abschnitt.

A. Vorprüfung.

§ 3. Die Kommission für die Vorprüfung besteht unter dem Vorsitz eines Verwaltungsbeamten aus einem oder zwei Lehrern der Chemie und je einem Lehrer der Botanik und der Physik.

Der Vorsitzende leitet die Prüfung und ordnet bei Behinderung eines Mitgliedes dessen Vertretung an.

§ 4. In jedem Studienhalbjahr finden Prüfungen statt.

Gesuche, welche später als vier Wochen vor dem amtlich festgesetzten Schluss der Vorlesungen eingehen, haben keinen Anspruch auf Berücksichtigung im laufenden Halbjahr.

Die Prüfung kann nur bei der Prüfungskommission derjenigen Lehranstalt, bei welcher der Studirende eingeschrieben ist oder zuletzt eingeschrieben war, abgelegt werden.

§ 5. Dem Gesuche sind beizufügen:

1. Das Zeugniss der Reife von einem Gymnasium, einem Realgymnasium, einer Oberrealschule oder einer durch Beschluss des Bundesraths als gleichberechtigt anerkannten anderen Lehranstalt des Reichs.

Das Zeugniss der Reife einer gleichartigen ausserdeutschen Lehranstalt kann ausnahmsweise für ausreichend erachtet werden.

2. Der durch Abgangszeugnisse oder, soweit das Studium noch fortgesetzt wird, durch das Anmeldebuch zu führende Nachweis eines naturwissenschaftlichen Studiums von sechs Halbjahren, deren letztes indessen zur Zeit der Einreichung des Gesuchs noch nicht abgeschlossen zu sein braucht. Das Studium muss auf Universitäten oder auf technischen Hochschulen des Reichs zurückgelegt sein.

Ausnahmsweise kann das Studium auf einer gleichartigen ausserdeutschen Lehranstalt oder die einem anderen Studium gewidmete Zeit in Anrechnung gebracht werden.

3. Der durch Zeugnisse der Laboratoriumsvorsteher zu führende Nachweis, dass der Studirende mindestens fünf Halbjahre in chemischen Laboratorien der unter No. 2 bezeichneten Lehranstalten gearbeitet hat.

§ 6. Der Vorsitzende der Prüfungskommission entscheidet über die Zulassung und verfügt die Ladung des Studirenden. Letztere erfolgt mindestens zwei Tage vor der Prüfung, unter Beifügung eines Abdrucks dieser Bestimmungen. Die Prüfung kann nach Beginn der letzten sechs Wochen des sechsten Studienhalbjahres stattfinden.

Zu einem Prüfungstermin werden nicht mehr als vier Prüflinge zugelassen.

Wer in dem Termin ohne ausreichende Entschuldigung nicht rechtzeitig erscheint, wird in dem laufenden Prüfungshalbjahr zur Prüfung nicht mehr zugelassen.

§ 7. Die Prüfung erstreckt sich auf
unorganische, organische und analytische Chemie,
Botanik, Physik.

Bei der Prüfung in der unorganischen Chemie ist auch die Mineralogie zu berücksichtigen.

Die Prüfung ist mündlich; der Vorsitzende und zwei Mitglieder müssen bei derselben ständig zugegen sein.

Die Dauer der Prüfung beträgt für jeden Prüfling

etwa eine Stunde, wovon die Hälfte auf Chemie, je ein Viertel auf Botanik und Physik entfällt.

Wer die Prüfung für das höhere Lehramt bestanden hat, wird, sofern er in Chemie oder Botanik die Befähigung zum Unterricht in allen Klassen oder in Physik die Befähigung zum Unterricht in den mittleren Klassen erwiesen hat, in dem betreffenden Fach nicht geprüft.

§ 8. Die Gegenstände und das Ergebniss der Prüfung werden von dem Examinator für jeden Geprüften in ein Protokoll eingetragen, welches von dem Vorsitzenden und sämmtlichen Mitgliedern der Kommission zu unterzeichnen ist.

Die Censur wird für das einzelne Fach von dem Examinator ertheilt, und zwar unter ausschliesslicher Anwendung der Prädikate „sehr gut", „gut", „genügend" oder „ungenügend".

Wenn in der Chemie von zwei Lehrern geprüft wird, haben beide sich über die Censur für das gesammte Fach zu einigen. Gelingt dies nicht, so entscheidet die Stimme desjenigen Examinators, welcher die geringere Censur ertheilt hat.

§ 9. Ist die Prüfung nicht bestanden, so findet eine Wiederholungsprüfung statt. Dieselbe erstreckt sich, wenn die Censur in der ersten Prüfung für Chemie und für ein zweites Fach „ungenügend" war, auf sämmtliche Gegenstände der Vorprüfung und findet dann nicht vor Ablauf von sechs Monaten statt.

In allen anderen Fällen beschränkt sich die Wiederholungsprüfung auf die nicht bestandenen Fächer. Die Frist, vor deren Ablauf sie nicht stattfinden darf, beträgt mindestens zwei und höchstens sechs Monate und wird von dem Vorsitzenden nach Benehmen mit dem Examinator festgesetzt. Meldet sich der Prüfling ohne eine nach dem Urtheil des Vorsitzenden ausreichende Entschuldigung innerhalb des nächstfolgenden Studiensemesters nach Ablauf der Frist nicht rechtzeitig (§ 4) zur Prüfung, so hat er die ganze Prüfung zu wiederholen.

Lautet in jedem Fache die Censur mindestens „genügend", so ist die Prüfung bestanden. Als Schlusscensur wird ertheilt

„sehr gut", wenn die Censur für Chemie und ein anderes Fach „sehr gut", für das dritte Fach mindestens „gut" lautet;

„gut", wenn die Censur nur in Chemie „sehr gut" oder in Chemie und noch einem Fach mindestens „gut" lautet;

„genügend" in allen übrigen Fällen.

§ 10. Tritt ein Prüfling ohne eine nach dem Urtheil des Vorsitzenden ausreichende Entschuldigung im Laufe der Prüfung zurück, so hat er dieselbe vollständig zu wiederholen. Die Wiederholung ist vor Ablauf von sechs Monaten nicht zulässig.

§ 11. Die Wiederholung der ganzen Prüfung kann auch bei einer anderen Prüfungskommission geschehen. Die Wiederholung der Prüfung in einzelnen Fächern muss bei derselben Kommission stattfinden.

Eine mehr als zweimalige Wiederholung der ganzen Prüfung oder der Prüfung in einem Fache ist nicht zulässig.

Ausnahmen von vorstehenden Bestimmungen können aus besonderen Gründen gestattet werden.

§ 12. Ueber den Ausfall der Prüfung wird ein Zeugniss ertheilt. Ist die Prüfung ganz oder theilweise zu wiederholen, so wird statt einer Gesammtcensur die Wiederholungsfrist in dem Zeugniss vermerkt. Dieser Vermerk ist, falls der Prüfling bei einer akademischen Lehranstalt nicht mehr eingeschrieben ist, auch in das letzte Abgangszeugniss einzutragen. Ist der Prüfling bei einer akademischen Lehranstalt noch eingeschrieben, so hat der Vorsitzende den Ausfall der Prüfung und die Wiederholungsfristen alsbald der Anstaltsbehörde mitzutheilen. Von dieser ist, falls der Studirende vor vollständig bestandener Vorprüfung die Lehranstalt verlässt, ein entsprechender Vermerk in das Abgangszeugniss einzutragen.

§ 13. An Gebühren sind für die Vorprüfung vor Beginn derselben 30 ℳ zu entrichten.

Für Prüflinge, welche das Befähigungszeugniss für das höhere Lehramt besitzen, betragen in den im § 7 Absatz 5 vorgesehenen Fällen die Gebühren 20 ℳ. Dasselbe gilt für die Wiederholung der Prüfung in einzelnen Fächern (§ 9 Absatz 2).

B. Hauptprüfung.

§ 14. Die Kommission für die Hauptprüfung besteht unter dem Vorsitz eines Verwaltungsbeamten aus zwei Chemikern, von denen einer auf dem Gebiete der Untersuchung von Nahrungsmitteln, Genussmitteln und Gebrauchsgegenständen praktisch geschult ist, und aus einem Vertreter der Botanik.

Der Vorsitzende leitet die Prüfung und ordnet bei Behinderung eines Mitgliedes dessen Vertretung an.

§ 15. Die Prüfungen beginnen jährlich im April und enden im Dezember.

Die Prüfung kann vor jeder Prüfungskommission abgelegt werden.

Die Gesuche um Zulassung sind bei dem Vorsitzenden bis zum 1. April einzureichen. Wer die Vorbereitungszeit erst mit dem September beendigt, kann ausnahmsweise noch im laufenden Prüfungsjahre zur Prüfung zugelassen werden, sofern die Meldung vor dem 1. Oktober erfolgt.

§ 16. Der Meldung sind beizufügen;
1. ein kurzer Lebenslauf;
2. die in § 5 No. 1 bis 3 aufgeführten Nachweise;
3. das Zeugniss über die Vorprüfung (§ 12);
4. Zeugnisse der Laboratoriums- oder Anstaltsvorsteher darüber, dass der Prüfling vor oder nach der Vorprüfung an einer der im § 5 No. 2 bezeichneten Lehranstalten mindestens ein Halbjahr an Mikroskopirübungen Theil genommen und nach bestandener Vorprüfung mindestens drei Halbjahre mit Erfolg an einer staatlichen Anstalt zur technischen Untersuchung von Nahrungs- und Genussmitteln thätig gewesen ist.

Wer die Prüfung als Apotheker mit dem Prädikat

„sehr gut" bestanden hat, bedarf, sofern er die im § 5 No. 2 bezeichnete Vorbedingung erfüllt hat, der im § 5 No. 1 und 3 vorgesehenen Nachweise sowie des Zeugnisses über die Vorprüfung nicht. Wer die Befähigung für das höhere Lehramt in Chemie und Botanik für alle Klassen und in Physik für die mittleren Klassen dargethan hat, bedarf, sofern er den im § 5 unter No. 3 vorgesehenen Nachweis erbringt, des Zeugnisses über die Vorprüfung nicht. Wer an einer technischen Hochschule die Diplom- (Absolutorial-) Prüfung für Chemiker bestanden hat, bedarf des Zeugnisses über die Vorprüfung nicht, wenn die bestehenden Prüfungsvorschriften als ausreichend anerkannt sind.

Wer nach der Vorprüfung ein halbes Jahr an einer Universität oder technischen Hochschule dem naturwissenschaftlichen Studium, verbunden mit praktischer Laboratoriumsthätigkeit, gewidmet hat, bedarf nur für zwei Halbjahre des Nachweises über eine praktische Thätigkeit an Anstalten zur Untersuchung von Nahrungs- und Genussmitteln.

Den staatlichen Anstalten dieser Art können von der Centralbehörde sonstige Anstalten zur technischen Untersuchung von Nahrungs- und Genussmitteln, sowie landwirthschaftliche Untersuchungsanstalten gleichgestellt werden.

§ 17. Der Vorsitzende der Kommission entscheidet über die Zulassung des Studirenden. Dieser hat sich bei dem Vorsitzenden persönlich zu melden.

Die Zulassung zur Prüfung ist zu versagen, wenn Thatsachen vorliegen, welche die Unzuverlässigkeit des Nachsuchenden in Bezug auf die Ausübung des Berufs als Nahrungsmittel-Chemiker darthun.

§ 18. Die Prüfung ist nicht öffentlich. Sie beginnt mit dem technischen Abschnitt. Nur wer diesen Abschnitt bestanden hat, wird zu dem wissenschaftlichen Abschnitt zugelassen. Zwischen beiden Abschnitten soll ein Zeitraum von höchstens drei Wochen liegen; jedoch kann der Vorsitzende aus besonderen Gründen eine längere Frist, ausnahmsweise auch eine Unterbrechung bis zur nächsten Prüfungsperiode gewähren.

§ 19. Die technische Prüfung wird in einem mit den erforderlichen Mitteln ausgestatteten Staatslaboratorium abgehalten. Es dürfen daran gleichzeitig nicht mehr als acht Kandidaten theilnehmen.

Die Prüfung umfasst vier Theile. Der Prüfling muss sich befähigt erweisen:

1. eine ihren Bestandtheilen nach dem Examinator bekannte chemische Verbindung oder eine künstliche, zu diesem Zweck besonders zusammengesetzte Mischung qualitativ zu analysiren und mindestens vier einzelne Bestandtheile der von dem Kandidaten bereits qualitativ untersuchten, oder einer anderen dem Examinator in Bezug auf Natur und Mengenverhältniss der Bestandtheile bekannten chemischen Verbindung oder Mischung quantitativ zu bestimmen;

2. die Zusammensetzung eines ihm vorgelegten Nahrungs- oder Genussmittels qualitativ und quantitativ zu bestimmen;

3. die Zusammensetzung eines Gebrauchsgegenstandes aus dem Bereich des Gesetzes vom 14. Mai 1879 qualitativ und nach dem Ermessen des Examinators auch quantitativ zu bestimmen;

4. einige Aufgaben auf dem Gebiete der allgemeinen Botanik (der pflanzlichen Systematik, Anatomie und Morphologie) mit Hülfe des Mikroskops zu lösen.

Die Prüfung wird in der hier angegebenen Reihenfolge ohne mehrtägige Unterbrechung erledigt. Zu einem späteren Theil wird nur zugelassen, wer den vorhergehenden Theil bestanden hat.

Die Aufgaben sind so zu wählen, dass die Prüfung in vier Wochen abgeschlossen werden kann.

Sie werden von den einzelnen Examinatoren bestimmt und erst bei Beginn jedes Prüfungstheils bekannt gegeben. Die technische Lösung der Aufgabe des ersten Theils muss, soweit die qualitative Analyse in Betracht kommt, in einem Tage, diejenige der übrigen Aufgaben innerhalb der vom Examinator bei Überweisung der einzelnen Aufgaben festzusetzenden Frist beendet sein.

Die Aufgaben und die gesetzten Fristen sind gleichzeitig dem Vorsitzenden von den Examinatoren schriftlich mitzutheilen.

Die Prüfung erfolgt unter Klausur dergestalt, dass der Kandidat die technischen Untersuchungen unter ständiger Anwesenheit des Examinators oder eines Vertreters desselben zu Ende führt und die Ergebnisse täglich in ein von dem Examinator gegenzuzeichnendes Protokoll einträgt.

§ 20. Nach Abschluss der technischen Untersuchungen (§ 19) hat der Kandidat in einem schriftlichen Bericht den Gang derselben und den Befund zu beschreiben, auch die daraus zu ziehenden Schlüsse darzulegen und zu begründen. Die schriftliche Ausarbeitung kann für die beiden Analysen des ersten Theils zusammengefasst werden, falls dieselbe Substanz qualitativ und quantitativ bestimmt worden ist; sie hat sich für Theil 4 auf eine von dem Examinator zu bezeichnende Aufgabe zu beschränken. Die Berichte über die Theile 1, 2 und 3 sind je binnen drei Tagen nach Abschluss der Laboratoriumsarbeiten, der Bericht über die mikroskopische Aufgabe (Theil 4) binnen 2 Tagen, mit Namensunterschrift versehen, dem Examinator zu übergeben.

Der Kandidat hat bei jeder Arbeit die benutzte Literatur anzugeben und eigenhändig die Versicherung hinzuzufügen, dass er die Arbeit ohne fremde Hülfe angefertigt hat.

§ 21. Die Arbeiten werden von den Fachexaminatoren censirt und mit den Untersuchungsprotokollen und Censuren dem Vorsitzenden der Kommission binnen einer Woche nach Empfang vorgelegt.

§ 22. Die wissenschaftliche Prüfung ist mündlich. Der Vorsitzende und zwei Mitglieder der Kommission müssen bei derselben ständig zugegen sein. Zu einem Termin werden nicht mehr als vier Kandidaten zugelassen.

Die Prüfung erstreckt sich:

1. auf die unorganische, organische und analytische Chemie mit besonderer Berücksichtigung der bei der Zusammensetzung der Nahrungs- und Genussmittel in Betracht kommenden chemischen Verbindungen, der Nährstoffe und ihrer Umsetzungsprodukte, sowie auch die Ermittelung der Aschenbestandtheile und der Gifte mineralischer und organischer Natur;

2. auf die Herstellung und die normale und abnorme Beschaffenheit der Nahrungs- und Genussmittel, sowie der unter das Gesetz vom 14. Mai 1879 fallenden Gebrauchsgegenstände. Hierbei ist auch auf die sogenannten landwirthschaftlichen Gewerbe (Bereitung von Molkereiprodukten, Bier, Wein, Branntwein, Stärke, Zucker u. dgl. m.) einzugehen;

3. auf die allgemeine Botanik (pflanzliche Systematik, Anatomie und Morphologie) mit besonderer Berücksichtigung der pflanzlichen Rohstofflehre (Droguenkunde u. dergl.), sowie ferner auf die bakteriologischen Untersuchungsmethoden des Wassers und der übrigen Nahrungs- und Genussmittel, jedoch unter Beschränkung auf die einfachen Kulturverfahren;

4. auf die den Verkehr mit Nahrungsmitteln, Genussmitteln und Gebrauchsgegenständen regelnden Gesetze und Verordnungen, sowie auf die Grenzen der Zuständigkeit des Nahrungsmittel-Chemikers im Verhältniss zum Arzt, Thierarzt und anderen Sachverständigen, endlich auf die Organisation der für die Thätigkeit eines Nahrungsmittel-Chemikers in Betracht kommenden Behörden.

Die Prüfung in den ersten drei Fächern wird von den Fachexaminatoren, im vierten Fache von dem Vorsitzenden, geeignetenfalls unter Betheiligung des einen oder anderen Fachexaminators abgehalten. Die Dauer der Prüfung beträgt für jeden Kandidaten in der Regel nicht über eine Stunde.

§ 23. Für jeden Kandidaten wird über jeden Prüfungsabschnitt ein Protokoll unter Anführung der Prüfungsgegenstände und der Censuren, bei der Censur „ungenügend" unter kurzer Angabe ihrer Gründe aufgenommen.

§ 24. Über den Ausfall der Prüfung in den einzelnen Theilen des technischen Abschnitts und in den einzelnen Fächern des wissenschaftlichen Abschnitts werden von den betreffenden Examinatoren Censuren unter ausschliesslicher Anwendung der Prädikate „sehr gut", „gut", genügend", „ungenügend" ertheilt.

Für Botanik und Bakteriologie muss die gemeinsame Censur, wenn bei getrennter Beurtheilung in einem dieser Zweige „ungenügend" gegeben werden würde, „ungenügend" lauten.

§ 25. Ist die Prüfung in einem Theile des technischen Abschnitts nicht bestanden, so findet eine Wiederholungsprüfung statt. Die Frist, vor deren Ablauf die Wiederholungsprüfung nicht erfolgen darf, beträgt mindestens drei Monate und höchstens ein Jahr; sie wird von dem Vorsitzenden nach Benehmen mit dem Examinator festgesetzt.

Hat der Kandidat die Prüfung in einem Fache des wissenschaftlichen Abschnitts nicht bestanden, so kann er nach Ablauf von sechs Wochen zu einer Nachprüfung zugelassen werden. Die Nachprüfung findet in Gegenwart des Vorsitzenden und der betheiligten Fachexaminatoren statt. Besteht der Kandidat auch in der Nachprüfnng nicht, oder verabsäumt er es, ohne ausreichende Entschuldigung sich innerhalb 14 Tagen nach Ablauf der für die Nachprüfung gestellten Frist zu melden, so hat er die Prüfung in dem ganzen Abschnitt zu wiederholen. Dasselbe gilt, wenn der Kandidat die Prüfung in mehr als einem Fache dieses Abschnitts nicht bestanden hat. Die Wiederholung ist vor Ablauf von sechs Monaten nicht zulässig.

§ 26. Erfolgt die Meldung zur Wiederholung eines Prüfungstheils nicht spätestens in dem nächsten Prüfungsjahre, so muss die ganze Prüfung von neuem abgelegt werden.

Wer bei der Wiederholung nicht besteht, wird zu einer weiteren Prüfung nicht zugelassen.

Ausnahmen von vorstehenden Bestimmungen können aus besonderen Gründen gestattet werden.

§ 27. Nachdem die Prüfung in allen Theilen bestanden ist, ermittelt der Vorsitzende aus den Einzelcensuren die Schlusscensur, wobei die Censuren für jeden einzelnen Theil des ersten Abschnitts doppelt gezählt werden, sodass im Ganzen zwölf Einzelcensuren sich ergeben.

Die Schlusscensur „sehr gut" darf nur dann gegeben werden, wenn die Mehrzahl der Einzelcensuren „sehr gut", alle übrigen „gut" lauten; die Schlusscensur „gut" nur dann, wenn die Mehrzahl mindestens „gut" oder wenigstens sechs Einzelcensuren „sehr gut" lauten. In allen übrigen Fällen wird die Schlusscensur „genügend" gegeben.

Nach Feststellung der Schlusscensur legt der Vorsitzende die Prüfungsverhandlungen derjenigen Behörde vor, welche den Ausweis über die Befähigung als Nahrungsmittel-Chemiker (§ 1) ertheilt.

§ 28. Wer einen Prüfungstermin oder die im § 17 vorgesehene Frist ohne ausreichende Entschuldigung versäumt, wird in dem laufenden Prüfungsjahr zur Prüfung nicht mehr zugelassen. Der Vorsitzende hat die Zurückstellung bei der im § 27 bezeichneten Behörde zu beantragen, falls er die Entschuldigung nicht für ausreichend hält.

Tritt ein Prüfling ohne ausreichende Entschuldigung von einem begonnenen Prüfungsabschnitt zurück, oder hält er eine der im § 19 Absatz 4 und § 20 vorgesehenen Fristen nicht ein, so hat dies die Wirkung, als wenn er in allen Theilen des Abschnitts die Censur „ungenügend" erhalten hätte.

§ 29. Die Prüfung darf nur bei derjenigen Kommission fortgesetzt und wiederholt werden, bei welcher sie begonnen ist. Ausnahmen können aus besonderen Gründen gestattet werden.

Die mit dem Zulassungsgesuch eingereichten Zeugnisse werden dem Kandidaten nach bestandener Gesammtprüfung zurückgegeben. Verlangt er sie früher zurück, so ist, falls die Zulassung zur Prüfung bereits ausgesprochen war, vor der Rückgabe in die Urschrift des letzten akademischen Abgangszeugnisses ein Vermerk hierüber, sowie über den Ausfall der schon zurückgelegten Prüfungstheile einzutragen.

§ 30. An Gebühren sind für die Hauptprüfung vor Beginn derselben 180 ℳ. zu entrichten. Davon entfallen:
I. auf den technischen Abschnitt
für jeden der ersten drei Theile 25 ℳ., für den vierten Theil 15 ℳ.,
II. auf den wissenschaftlichen Abschnitt 30 ℳ.,
III. auf allgemeine Kosten 60 ℳ.

Wer von der Prüfung zurücktritt oder zurückgestellt wird, erhält die Gebühren für die noch nicht begonnenen Prüfungstheile ganz, die allgemeinen Kosten zur Hälfte zurück, letztere jedoch nur dann, wenn der dritte Theil des technischen Abschnitts noch nicht begonnen war.

Bei einer Wiederholung sind die Gebührensätze für diejenigen Prüfungstheile, welche wiederholt werden, und ausserdem je 15 ℳ. für jeden zu wiederholenden Prüfungstheil auf allgemeine Kosten zu entrichten. Für die Nachprüfung in einem Fache des wissenschaftlichen Abschnitts sind 15 ℳ. zu zahlen.

§ 31. Über die Zulassung der in vorstehenden Bestimmungen vorgesehenen Ausnahmen entscheidet die Centralbehörde.

Ausweis für geprüfte Nahrungsmittel-Chemiker.

Dem Herrn . . . . . . aus . . . . . . wird hierdurch bescheinigt, dass er seine Befähigung zur chemisch-technischen Untersuchung und Beurtheilung von Nahrungsmitteln, Genussmitteln und Gebrauchsgegenständen durch die vor der . . . . . Prüfungskommission zu . . . . . mit dem Prädikate . . . . . abgelegte Prüfung nachgewiesen hat.

. . . . . ., den . . .ten . . . . . . 18 . .

. . . .

(Siegel und Unterschrift der bescheinigenden Behörde.)

II.
Rundschreiben des Reichskanzlers
(Reichsamt des Innern),
betreffend die
Prüfung der Nahrungsmittel-Chemiker.
Vom 26. Januar 1897.

Nachdem die in § 16 Abs. 2 der Prüfungsvorschriften für Nahrungsmittel-Chemiker den Apothekern mit der Prüfungsnote „sehr gut" eingeräumten Vergünstigungen hinsichtlich ihrer Zulassung zur Hauptprüfung mehrfach zu Zweifeln Anlass gegeben haben, beehre ich mich, in Nachstehendem die Auslegung, welche diesseits der gedachten Bestimmung gegeben wird, mitzutheilen.

Zunächst steht nach dem Wortlaute und Sinne der bezeichneten Vorschriften nichts entgegen, dass denjenigen Apothekern, welche das für die Zulassung zur Prüfung erforderliche naturwissenschaftliche Studium von sechs Halbjahren vor Ablegung der Apothekerprüfung noch nicht ganz zurückgelegt haben, die Nachholung der fehlenden Studiensemester nach der bestandenen Apothekerprüfung gestattet wird. Was ferner die praktische Thätigkeit an einer staatlichen Untersuchungsanstalt für Nahrungs- und Genussmittel (§ 16 Abs. 1 Ziff. 4 der Prüfungsvorschriften) anlangt, so darf dieselbe, ebenso wie sie bei Nahrungsmittel-Chemikern mit regelmässigem Studiengange nach ausdrücklicher Vorschrift erst für die Zeit nach bestandener Vorprüfung vorgesehen ist, bei Apothekern erst nach der als Ersatz für die Vorprüfung geltenden Apothekerprüfung erfolgen.

Diese praktische Thätigkeit in der Untersuchung von

Nahrungs- und Genussmitteln zeitlich zusammenfallen zu lassen mit demjenigen Universitätsstudium, welches ein Apotheker behufs Erreichung der vorgeschriebenen sechssemestrigen Studienzeit nach der bestandenen Apothekerprüfung ablegt, ist meines Erachtens mit den geltenden Vorschriften nicht vereinbar. Durch die Bestimmung in § 16 Abs. 2 Satz 1 der Prüfungsvorschriften ist denjenigen Apothekern, welche die Prüfung mit dem Prädikate „sehr gut" bestanden haben, mit Rücksicht auf die hierdurch nachgewiesenen Kenntnisse die Vorprüfung sowie der Nachweis der Gymnasialreife und der $3^1/_2$ jährigen Beschäftigung in chemischen Laboratorien erlassen, dagegen ist die Einräumung noch grösserer Vergünstigungen nicht beabsichtigt. Als eine weitere und zwar nicht unerhebliche Erleichterung würde es aber anzusehen sein, wenn die bei den Nahrungsmittel-Chemikern getrennten Theile des Studienganges, nämlich das theoretische Studium auf einer Hochschule und die praktische Thätigkeit in einer Untersuchungsanstalt, bei den in Frage stehenden Apothekern mit einander verbunden werden dürften.

Ausserdem erscheint eine so weitgehende Begünstigung der Prüfungskandidaten mit pharmaceutischer Vorbildung auch im Interesse einer thunlichst gründlichen Ausbildung der Nahrungsmittel-Chemiker nicht wünschenswerth, es ist vielmehr besonderer Werth darauf zu legen, dass die praktische Thätigkeit erst nach Abschluss des gesammten theoretischen Studiums beginnt.

Indem ich Eure etc. (das etc.) . . . . . ersuchen darf, im Falle des Einverständnisses bei der Handhabung der Prüfungsvorschriften in Preussen (für die übrigen Regierungen) im dortseitigen Staatsgebiet der vorstehenden Auffassung gefälligst Eingang verschaffen zu wollen, bemerke ich ergebenst, dass ich ein gleiches Ersuchen an die übrigen betheiligten Bundesregierungen gerichtet habe.

Der Reichskanzler.

I. V.: von Boetticher.

An die Regierungen von . . . . .

III.

Bestimmungen der einzelnen Bundesstaaten,
betreffend die
Prüfung der Nahrungsmittel - Chemiker.

---

1. Preussen.

Bekanntmachung, betreffend die Zusammensetzung der Prüfungskommissionen für Nahrungsmittel-Chemiker. Vom 10. Mai 1895.
(Reichs-Anz. Nr. 115.)

Im Anschluss an die Bekanntmachungen vom 6. Februar und 17. April d. J., betreffend die Einsetzung von Kommissionen zur Prüfung von Nahrungsmittel-Chemikern und die Bezeichnung der Anstalten, an welchen die nach der Prüfungsordnung nachzuweisende praktische Ausbildung erworben werden kann, bestimme ich zur weiteren Ausführung des Bundesrathsbeschlusses vom 22. Februar 1894 Folgendes:

1. Den Prüfungen sind die nachstehend abgedruckten[1] Vorschriften zu Grunde zu legen. Mit denselben wird zugleich das vollständige Verzeichniss der Mitglieder der in Funktion getretenen Vorprüfungs- und Hauptprüfungskommissionen bekannt gegeben[2].

---

[1] Dieselben stimmen mit den auf S. 7 ff. abgedruckten Vorschriften wörtlich überein.

[2] Die Namen sind hier fortgelassen.

2. Den als Leiter öffentlicher Anstalten zur Untersuchung von Nahrungs- und Genussmitteln bereits angestellten Sachverständigen kann bis zum 1. Oktober d. J. der Befähigungsausweis unter Verzicht auf die vorgesehenen Prüfungen und deren Vorbedingungen ertheilt werden; Leitern anderer als staatlicher Anstalten der vorbezeichneten Art kann diese Vergünstigung nur zu Theil werden, wenn sie nicht mit ihrem Einkommen ganz oder zum Theil auf die Einnahmen aus den Untersuchungsgebühren angewiesen sind.

Anderen als den vorgedachten Sachverständigen kann der Befähigungsausweis unter gänzlichem oder theilweisem Verzicht auf die vorgesehenen Prüfungen und deren Vorbedingungen ertheilt werden, sofern diese Sachverständigen nach dem Gutachten einer der für die Prüfung von Nahrungsmittel-Chemikern eingesetzten Kommissionen nach ihrer wissenschaftlichen Vorbildung und praktischen Übung im wesentlichen den Anforderungen genügen, welche die neuen Bestimmungen an geprüfte Nahrungsmittel-Chemiker stellen.

3. Der Befähigungsausweis in den Fällen unter Nr. 2 wird von mir ertheilt.

4. Diejenigen Chemiker, welche den Befähigungsausweis erworben haben, sollen vorzugsweise berücksichtigt werden, und zwar vornehmlich:

a) bei der öffentlichen Bestellung (§ 36 der Gewerbeordnung) von Sachverständigen für Nahrungsmittel-Chemie,

b) bei der Auswahl von Gutachtern für die mit der Handhabung des Nahrungsmittelgesetzes in Verbindung stehenden chemischen Fragen, sowie

c) bei der Auswahl der Arbeitskräfte für die öffentlichen Anstalten zur technischen Untersuchung von Nahrungs- und Genussmitteln (§ 17 des Nahrungsmittelgesetzes).

Berlin, den 10. Mai 1895.

Der Minister
der geistl., Unterrichts- u. Med.-Angelegenheiten.

Bosse.

Verzeichniss der Kommissionen für die Prüfung der Nahrungsmittel-Chemiker.

A. Vorprüfung.

1. Prüfungskommission an der Königlichen Technischen Hochschule in Aachen.
2. Prüfungskommission an der Königlichen Universität in Berlin.
3. Prüfungskommission an der Königlichen Technischen Hochschule in Berlin.
4. Prüfungskommission an der Königlichen Universität in Bonn.
5. Prüfungskommission an der Königlichen Universität in Breslau.
6. Prüfungskommission an der Königlichen Universität in Göttingen.
7. Prüfungskommission an der Königlichen Universität in Greifswald.
8. Prüfungskommission an der Königlichen Universität in Halle a. S.
9. Prüfungskommission an der Königlichen Technischen Hochschule in Hannover.
10. Prüfungskommission an der Königlichen Universität in Kiel.
11. Prüfungskommission an der Königlichen Universität in Königsberg i. Pr.
12. Prüfungskommission an der Königlichen Universität in Marburg.
13. Prüfungskommission an der Königlichen Akademie in Münster i. W.

B. Hauptprüfung.

1. Prüfungskommission in Berlin.
2. Prüfungskommission in Bonn.
3. Prüfungskommission in Breslau.
4. Prüfungskommission in Göttingen.

5. Prüfungskommission in Hannover.
6. Prüfungskommission in Königsberg i. Pr.
7. Prüfungskommission in Münster i. W.

Erlass des Ministers der geistlichen p. p. Angelegenheiten, betr. die Prüfung der Nahrungsmittel-Chemiker. Vom 4. November 1896.

. . . .

Die Frage, ob die an einer deutschen Universität erfolgte Promotion zum Doktor der Philosophie als Ersatz der Vorprüfung gelten könne, hat bei den im Bundesrath über die Prüfungsvorschriften gepflogenen Verhandlungen zu eingehenden Erörterungen Veranlassung gegeben. Während der Entwurf eine hierauf bezügliche Bestimmung überhaupt nicht enthielt, wurde in den mit der Berathung befassten Ausschüssen beantragt, die Diplomprüfungen an den technischen Hochschulen unter einem gewissen Vorbehalt als gleichwerthig mit der Vorprüfung anzuerkennen, und dieser Antrag später auch auf die Doktorpromotionen der Universitäten ausgedehnt. Der Bundesrath versagte jedoch demselben die Zustimmung, lehnte die Ausdehnung der Vergünstigung auf die Doktorpromotionen ab und nahm die Vorschrift in der anfänglich beantragten, auf die Diplomprüfungen der technischen Hochschulen beschränkten Fassung an.

Hiernach kann es einem Zweifel nicht unterliegen, dass die Absicht des Bundesraths dahin gegangen ist, die Gleichstellung der Doktorpromotionen mit der Vorprüfung der Nahrungsmittel-Chemiker grundsätzlich auszuschliessen, es wird daher eine analoge Anwendung der die Diplomprüfungen betreffenden Bestimmung auf die Promotionen nicht als angängig betrachtet werden können.

An die Vorsitzenden der Vorprüfungs-Kommissionen für Nahrungsmittel-Chemiker.

2. *Bayern.*

Königliche Verordnung, die Prüfung von Nahrungsmittel-Chemikern betreffend. Vom 14. Juni 1894.

(Gesetz- u. Verordn.-Bl. S. 303.)

Im Namen Seiner Majestät des Königs, Luitpold, von Gottes Gnaden Königlicher Prinz von Bayern, Regent.

Nachdem die Bundesregierungen übereingekommen sind, am Sitze der dafür geeigneten Universitäten und technischen Hochschulen Kommissionen zur Prüfung von Nahrungsmittel-Chemikern zu bilden, die Prüfungen nach gleichmässigen Vorschriften durchzuführen und den auf Grund derselben erlangten Befähigungsausweisen für ihre Gebiete gleiche Anerkennung und Geltung einzuräumen, verordnen Wir was folgt:

§ 1. In München, Würzburg und Erlangen werden Prüfungskommissionen für Nahrungsmittel-Chemiker errichtet.

Die Mitglieder der Prüfungskommissionen, einschl. der Vorsitzenden, werden alljährlich durch die zuständigen Staatsministerien ernannt.

§ 2. Den Prüfungen sind die in der Anlage enthaltenen Vorschriften[1] zu Grunde zu legen.

Den als reif befundenen Prüflingen werden nach Massgabe dieser Vorschriften Befähigungsausweise ertheilt.

---

[1] Dieselben stimmen mit den auf S. 7 ff. abgedruckten Vorschriften wörtlich überein; nur ist in § 31 am Schluss hinzugefügt:

„Die Entscheidung in den Fällen des § 5 No. 1 und 2, sowie über die Anerkennung der Diplomprüfungen gemäss § 16 Abs. 2 erfolgt im Einvernehmen mit dem Reichskanzler (Reichsamt des Innern)."

§ 3. Die Staatsministerien des Innern beider Abtheilungen werden mit dem Vollzuge gegenwärtiger Verordnung beauftragt.

Dieselben sind insbesondere die zuständige Behörde beziehungsweise Centralbehörde im Sinne der § 16 Abs. 4, § 27 Abs. 3, § 28 Abs. 1 und § 31 der Prüfungsvorschriften.

§ 4. Die Verordnung tritt am 1. Oktober 1894 in Kraft.

§ 5. Die Staatsministerien des Innern beider Abtheilungen sind ermächtigt, innerhalb Jahresfrist von dem bezeichneten Zeitpunkte an

1. den als Leiter öffentlicher Anstalten zur Untersuchung von Nahrungs- und Genussmitteln schon angestellten Sachverständigen den Befähigungsausweis unter Verzicht auf die vorgeschriebenen Prüfungen und deren Vorbedingungen zu ertheilen, den Leitern anderer als staatlicher Anstalten der vorbezeichneten Art jedoch nur, sofern sie nicht mit ihrem Einkommen ganz oder zum Theil auf die Einnahmen aus den Untersuchungsgebühren angewiesen sind;

2. anderen als den vorgedachten Sachverständigen den Befähigungsausweis unter gänzlichem oder theilweisem Verzicht auf die vorgeschriebenen Prüfungen und deren Vorbedingungen zu ertheilen, sofern diese Sachverständigen nach dem Gutachten einer der für die Prüfung von Nahrungsmittel-Chemikern eingesetzten Kommissionen nach ihrer wissenschaftlichen Vorbildung und praktischen Übung im wesentlichen den Anforderungen genügen, welche die neuen Bestimmungen an geprüfte Nahrungsmittel-Chemiker stellen.

§ 6. Nach der Absicht der Bundesregierungen soll denjenigen Chemikern, welche den Befähigungsausweis erworben haben, eine vorzugsweise Berücksichtigung zu Theil werden, und zwar vornehmlich

a) bei der öffentlichen Bestellung (§ 36 der Gewerbeordnung) von Sachverständigen für Nahrungsmittelchemie,

b) bei der Auswahl von Gutachtern für die mit der

Handhabung des Nahrungsmittelgesetzes in Verbindung stehenden chemischen Fragen, sowie

c) bei der Auswahl der Arbeitskräfte für die öffentlichen Anstalten zur Untersuchung von Nahrungs- und Genussmitteln (§ 17 des Nahrungsmittelgesetzes).

Wir erwarten von den einschlägigen Stellen und Behörden, dass dieser Absicht — unbeschadet der Bestimmungen der Allerhöchsten Verordnung vom $\frac{\text{27. Januar 1884}}{\text{5. Juli 1892}}$, Untersuchungsanstalten für Nahrungs- und Genussmittel betreffend — in vorkommenden Fällen geeignet Rechnung getragen werde.

Erlass des Kgl. Staatsministeriums des Innern für Kirchen- und Schulangelegenheiten, betr. den Vollzug der Prüfungsvorschriften für Nahrungsmittel-Chemiker. Vom 4. Oktober 1894.

Im Vollzuge des § 1 Abs. 2 der Allerhöchsten Verordnung vom 14. Juni 1894, die Prüfung von Nahrungsmittel-Chemikern betreffend, werden die Prüfungskommissionen für Nahrungsmittel-Chemiker in München, Würzburg und Erlangen im Einverständnisse mit dem Kgl. Staatsministerium des Innern für das Prüfungsjahr 1894/95 zusammengesetzt, wie folgt[1]):

I. Prüfungskommission München,
(gemeinschaftlich für Universität und technische Hochschule.)

II. Prüfungskommission Würzburg

III. Prüfungskommission Erlangen.

Ein Zusammentritt der Prüfungskommissionen für die Hauptprüfung zu Prüfungszwecken wird im Prüfungsjahre 1894/95 mit Rücksicht auf die Voraussetzungen, welche der § 16 der Prüfungsordnung für die Zulassung zur Haupt-

---

[1]) Die Namen der Mitglieder sind hier fortgelassen.

prüfung aufstellt, noch nicht stattfinden; es erschien jedoch zweckmässig, auch diese Prüfungskommissionen sofort zu bestellen, da deren Zusammentritt aus anderen Gründen erforderlich werden könnte.

Die ernannten Examinatoren sind hiervon mit dem Beifügen in Kenntniss zu setzen, dass sie sich auf Einladung des Prüfungsvorsitzenden bei diesem zu versammeln und das Weitere entgegenzunehmen haben.

Für die Prüfungen sind vor Beginn der Prüfung nach §§ 13 und 30 der Prüfungsordnung von den Prüfungskandidaten die dort festgesetzten Prüfungsgebühren zu entrichten. Zu diesen Prüfungsgebühren kommt noch die Zeugnissgebühr von 4 ℳ nach Art. 177 des bayerischen Gebührengesetzes vom 18. August 1879 in der Textirung von 1892.

Es wird sich empfehlen, den Prüfungskandidaten die Möglichkeit zu eröffnen, diese Gebühren bei einer Kasse derjenigen Hochschule zu entrichten, bei welcher sie studiren, beziehungsweise bei welcher die Prüfung stattfindet, wie dies auch bezüglich der Gebühren bei den ärztlichen und pharmaceutischen Prüfungen der Fall ist. Einer Schwierigkeit wird dies nicht wohl begegnen, da die Zahl der Kandidaten eine allzugrosse nicht sein wird.

Einer Berichterstattung, ob Hindernisse bestehen, verneinenden Falls in welcher Weise die Gebührenvereinnahmung zu regeln wäre, wird entgegengesehen.

gez.: Dr. von Müller.

Der Generalsekretär
gez.: von Wisbeck.

An die Senate der drei Landesuniversitäten und an das Direktorium der Kgl. technischen Hochschule.

Von der unter dem Heutigen an die Senate der drei Landesuniversitäten und das Direktorium der Kgl. technischen Hochschule in München ergangenen Entschliessung folgt hieneben eine Abschrift zur Kenntnissnahme und Legitimation, wobei im Einverständnisse mit dem Kgl. Staatsministerium des Innern noch Nachstehendes bemerkt wird:

1. Die Zulassung der Kandidaten nach § 6 und 17 der Prüfungsordnung hat mittelst schriftlicher Verfügung zu geschehen. Der Eintritt in die Prüfung darf erst gestattet werden, wenn der Nachweis der Erlegung der Prüfungsgebühren erbracht ist.

2. Nach § 6 der Prüfungsordnung ist dem Prüfungskandidaten mit der Ladung ein Abdruck der Prüfungsordnung zuzustellen. Die Beschaffung dieser Abdrücke wird dem Herrn Prüfungsvorsitzenden überlassen. Die Kosten sind auf die anfallenden Prüfungsgebühren zu verrechnen, einstweilen werden dieselben aus der amtlichen Regie vorgeschossen werden können.

3. Die nach §§ 8 und 23 zu führenden Protokolle sind thunlichst einfach und schematisch zu halten.

Das nach § 12 zu ertheilende Zeugniss ist nach dem anliegenden Formular auszustellen.

4. Der nach § 12 in das letzte Schul-Abgangszeugniss einzutragende Vermerk hat unter Fertigung des Prüfungs-Vorsitzenden zu geschehen. Unter Anstaltsbehörde im Sinne des § 12 sind die Rektorate der Kgl. Universitäten München und Würzburg, das Prorektorat der Kgl. Universität Erlangen und das Direktorium der Kgl. technischen Hochschule zu verstehen.

5. Über die Verwendung der Prüfungsgebühren enthält die Prüfungsordnung nähere Bestimmungen nicht. Der Herr Prüfungsvorsitzende hat sich hierüber im Benehmen mit den Mitgliedern der Prüfungskommission zunächst gutachtlich anher zu äussern.

6. In jenen Fällen, in welchen für ein Prüfungsfach mehrere Examinatoren aufgestellt sind, wird es Sache des

Prüfungsvorsitzenden sein, im Benehmen mit den betheiligten Examinatoren die Vertheilung des Prüfungsgeschäftes unter diesen zu regeln.

7. Nach Schluss jeden Prüfungsjahres ist unter Vorlage eines Verzeichnisses der geprüften Kandidaten über den Verlauf der Prüfung an das Kgl. Staatsministerium des Innern für Kirchen- und Schulangelegenheiten zu berichten und Rechnung über die Einnahmen und Ausgaben der Gebührenkasse zu erstellen.

gez.: Dr. von Müller.

Der Generalsekretär
gez.: von Wisbeck.

An den Vorsitzenden der Prüfungskommission für Nahrungsmittel-Chemiker in . . . .

Formular
zu § 12 der Prüfungsordnung
für Nahrungsmittel-Chemiker.

Zeugniss
der Prüfungskommission zu . . . .
über
die Vorprüfung der Nahrungsmittel-Chemiker.

Herrn . . . . aus . . . . . ist bei der mit ihm abgehaltenen Vorprüfung
1. in der Chemie die Censur . . . .
2. in der Botanik die Censur . . . .
3. in der Physik die Censur . . . .
somit die Gesammtcensur . . . . ertheilt worden.

(Folgt etwaiger Vermerk nach § 12 der Prüfungsvorschriften.)

. . . ., den . . . . ten 189

Der Vorsitzende der Prüfungskommission
(Name)
(Kommissionssiegel).

3. Sachsen.

Verordnung, die Prüfung der Nahrungsmittel-Chemiker betreffend. Vom 23. Juli 1894.

(Ges.- und Verordn.-Bl. S. 159.)

Mit Allerhöchster Genehmigung werden in Gemässheit einer Vereinbarung der Bundesregierungen in der Sitzung des Bundesrathes vom 22. Februar 1894 die nachstehend abgedruckten Vorschriften[1]) über die Prüfung der Nahrungsmittel-Chemiker getroffen.

Dieselben treten mit dem 1. Oktober dieses Jahres in Kraft.

Die Centralbehörde im Sinne dieser Vorschriften bilden die Ministerien des Innern und des Kultus und öffentlichen Unterrichts, welche auch den Befähigungsausweis ausstellen.

Es werden Kommissionen sowohl für die Vorprüfung als auch für die Hauptprüfung der Nahrungsmittel-Chemiker in Leipzig und in Dresden gebildet. Die Vorsitzenden und die Mitglieder der Kommissionen werden von den Ministerien des Innern und des Kultus und öffentlichen Unterrichts ernannt; die Namen der Vorsitzenden sind im Dresdener Journal und in der Leipziger Zeitung bekannt zu machen

Die Gesuche um Zulassung zur Vorprüfung sind bei dem Vorsitzenden der Kommission einzureichen.

Als staatliche Anstalten zur technischen Untersuchung von Nahrungs- und Genussmitteln im Sinne von § 16 Absatz 1 Ziffer 4 der Vorschriften gelten die Chemische Centralstelle für öffentliche Gesundheitspflege in Dresden und das Hygienische Institut an der Universität Leipzig. Den-

---

[1]) Dieselben stimmen mit den auf S. 7 ff. abgedruckten Vorschriften wörtlich überein.

selben werden gemäss § 16 Absatz 4 der Vorschriften die Landwirthschaftliche Untersuchungsstation zu Möckern und die Agrikulturtechnische Versuchsstation zu Pommritz gleichgestellt.

Für den Zeitraum eines Jahres vom 1. Oktober 1894 ab gelten folgende Übergangsbestimmungen: Den als Leiter staatlicher Anstalten zur Untersuchung von Nahrungs- und Genussmitteln angestellten Sachverständigen wird der Befähigungsausweis unter Verzicht auf die Prüfungen und deren Vorbedingungen ertheilt; den Leitern anderer als staatlicher Anstalten der vorbezeichneten Art jedoch nur, sofern sie nicht mit ihrem Einkommen ganz oder zum Theil auf die Einnahmen aus den Untersuchungsgebühren angewiesen sind. Hinsichtlich anderer als der vorgenannten Sachverständigen ist die Ertheilung des Befähigungsausweises unter gänzlichem oder theilweisem Verzicht auf die Prüfungen und deren Vorbedingungen davon abhängig, dass dieselben nach dem Gutachten einer der für die Prüfung von Nahrungsmittel-Chemikern eingesetzten Kommissionen nach ihrer wissenschaftlichen Vorbildung und praktischen Übung im wesentlichen den Anforderungen genügen, welche die neuen Bestimmungen an geprüfte Nahrungsmittel-Chemiker stellen. Personen der vorgenannten Art haben ihre Gesuche um Ausstellung des Befähigungsausweises mit den erforderlichen Nachweisen bei dem Ministerium des Kultus und öffentlichen Unterrichts einzureichen.

Die Chemiker, welche den Befähigungsausweis erworben haben, sollen vornehmlich bei der öffentlichen Bestellung (§ 36 der Reichsgewerbeordnung) von Sachverständigen für Nahrungsmittel-Chemie, ferner bei der Auswahl von Gutachtern für die mit der Handhabung des Nahrungsmittelgesetzes in Verbindung stehenden chemischen Fragen, sowie bei der Auswahl der Arbeitskräfte für die öffentlichen Anstalten zur technischen Untersuchung von Nahrungs- und Genussmitteln (§ 17 des Reichsgesetzes, betreffend den Verkehr mit Nahrungsmitteln, Genussmitteln und Gebrauchsgegenständen vom 14. Mai 1879) eine vorzugsweise Berücksichtigung finden.

Dresden, am 23. Juli 1894.

Die Ministerien
des Innern und des Kultus und öffentlichen Unterrichts.

Schema des Befähigungsausweises als Nahrungsmittel-Chemiker.

Dem Herrn . . . . . . aus . . . . . . wird hierdurch der Befähigungsausweis als Nahrungsmittel-Chemiker unter beziehungsweise theilweisem Verzicht auf die vorgesehenen Prüfungen und deren Vorbedingungen ertheilt, nachdem derselbe nach dem Gutachten der Königlich Sächsischen Prüfungskommission zu . . . . . den Nachweis erbracht hat, dass er nach seiner wissenschaftlichen Vorbildung und praktischen Übung im wesentlichen den Anforderungen genügt, welche die Verordnung, die Prüfung der Nahrungsmittel-Chemiker betreffend, vom 23. Juli 1894 an geprüfte Nahrungsmittel-Chemiker stellt.

Dresden, am . . . . . . 18 . .

(L. S.) Die Minister
des Innern und des Kultus und öffentlichen Unterrichts.

Verordnung, betreffend die Auswahl von Sachverständigen für Gutachten bei Handhabung des Nahrungsmittelgesetzes. Vom 3. November 1894.

In der Verordnung vom 10. Mai 1876 (Justizministerialblatt Seite 19) sind die Gerichte darauf aufmerksam gemacht worden, dass die chemische Centralstelle für öffentliche Gesundheitspflege besonders geeignet erscheine, von den Gerichten um sachverständige Gutachten, die in das Gebiet der Chemie fallen, angegangen zu werden.

— 34 —

Nachdem neuerdings von den Ministerien des Innern und des Kultus und öffentlichen Unterrichts die im Gesetz- und Verordnungsblatte von diesem Jahre Seite 159 abgedruckte Verordnung vom 23. Juli 1894, die Prüfung der Nahrungsmittel-Chemiker betreffend, erlassen worden ist, findet sich das Justizministerium veranlasst, seine frühere Verordnung durch Folgendes zu ergänzen.

Erfordern es bei Handhabung des Nahrungsmittelgesetzes besondere Umstände, von dem Ersuchen der chemischen Centralstelle um Abgabe eines Gutachtens abzusehen, so empfiehlt es sich, als Sachverständige vorzugsweise die Chemiker zu berücksichtigen, die den Befähigungsausweis nach den neuerlich eingeführten Prüfungsvorschriften erworben haben.

Dresden, den 3. November 1894.

Ministerium der Justiz.

(gez.) Schurig.

4. Württemberg.

Königliche Verordnung, betreffend die Prüfung der Nahrungsmittel-Chemiker. Vom 21. September 1894.

(Regierungsbl. S. 285.)

Wilhelm II., von Gottes Gnaden König von Württemberg. Nach Anhörung Unseres Staatsministeriums verordnen und verfügen Wir, wie folgt:

§ 1. In Stuttgart und Tübingen werden Kommissionen zur Prüfung der Nahrungsmittel-Chemiker errichtet.

Die Mitglieder der Prüfungskommissionen mit Einschluss der Vorsitzenden werden alljährlich durch das Ministerium des Innern ernannt.

§ 2. Den Prüfungen sind die aus der Anlage ersichtlichen[1]) Vorschriften zu Grunde zu legen. Den als reif befundenen Prüflingen werden nach Massgabe dieser Prüfungsvorschriften Befähigungsausweise durch das Ministerium des Innern ertheilt.

§ 3. Das Ministerium des Innern bildet die zuständige Behörde bezw. Centralbehörde im Sinne der § 16 Abs. 4, § 27 Abs. 3, § 28 Abs. 1 und § 31 der Prüfungsvorschriften.

§ 4. Die gegenwärtige Verordnung tritt am 1. Oktober 1894 in Wirksamkeit.

§ 5. Das Ministerium ist ermächtigt, bis zum 30. September 1895

1. den als Leiter öffentlicher Anstalten zur Untersuchung von Nahrungs- und Genussmitteln schon angestellten Sachverständigen den Befähigungsausweis unter Verzicht auf die vorgesehenen Prüfungen und deren Vorbedingungen zu ertheilen, den Leitern anderer als staatlicher Anstalten der vorbezeichneten Art jedoch nur, sofern sie nicht mit ihrem Einkommen ganz oder zum Theil auf die Einnahmen aus den Untersuchungsgebühren angewiesen sind.

2. anderen als den vorgedachten Sachverständigen den Befähigungsausweis unter gänzlichem oder theilweisem Verzicht auf die vorgesehenen Prüfungen und deren Vorbedingungen zu ertheilen, sofern diese Sachverständigen nach dem Gutachten einer der für die Prüfung von Nahrungsmittel-Chemikern eingesetzten Kommissionen nach ihrer wissenschaftlichen Vorbildung und praktischen Übung im wesentlichen den Anforderungen genügen, welche die neuen Bestimmungen an geprüfte Nahrungsmittel-Chemiker stellen.

§ 6. Diejenigen Chemiker, welche den Befähigungsausweis erworben haben, sollen vorzugsweise berücksichtigt werden, und zwar vornehmlich:

a) bei der öffentlichen Bestellung (§ 36 der Gewerbeordnung) von Sachverständigen für Nahrungsmittel-Chemie,

---

[1]) Dieselben stimmen mit den auf S. 7 ff. abgedruckten Vorschriften wörtlich überein.

b) bei der Auswahl von Gutachtern für die mit der Handhabung des Nahrungsmittelgesetzes in Verbindung stehenden chemischen Fragen, sowie

c) bei der Auswahl der Arbeitskräfte für die öffentlichen Anstalten zur technischen Untersuchung von Nahrungs- und Genussmitteln (§ 17 des Nahrungsmittelgesetzes).

Unser Ministerium des Innern ist mit der Vollziehung dieser Verordnung beauftragt.

Gegeben Bebenhausen, den 21. September 1894.

Wilhelm.

Mittnacht. Faber. Sarwey. Schott v. Schottenstein. Pischek.

5. Baden.

Verordnung, die Prüfung der Nahrungsmittel-Chemiker betr. Vom 18. August 1894.

(Ges.- u. Verordn.-Bl. S. 370.)

Mit höchster Ermächtigung aus Grossherzoglichem Staatsministerium wird verordnet was folgt:

§ 1. An den Landesuniversitäten in Heidelberg und Freiburg und an der technischen Hochschule in Karlsruhe werden Kommissionen zur Prüfung von Nahrungsmittel-Chemikern errichtet.

Die Mitglieder der Prüfungskommissionen, einschliesslich der Vorsitzenden, werden alljährlich durch das Ministerium des Innern ernannt.

§ 2. Den Prüfungen sind die in der Anlage enthaltenen Vorschriften[1]) zu Grunde zu legen.

Den als bestanden befundenen Prüflingen wird nach Massgabe dieser Vorschriften ein Befähigungsausweis ertheilt.

§ 3. Die zuständige Behörde beziehungsweise Centralbehörde im Sinne von § 16 Absatz 4, § 27 Absatz 3, § 28

---

[1]) Dieselben stimmen mit den auf S. 7 ff. abgedruckten Vorschriften wörtlich überein.

Absatz 1, und § 31 der Prüfungsvorschriften ist das Ministerium des Innern.

§ 4. Die Verordnung tritt am 1. Oktober 1894 in Kraft.

§ 5. Das Ministerium des Innern ist ermächtigt, innerhalb Jahresfrist von dem im § 4 bezeichneten Zeitpunkt an

1. den als Leiter öffentlicher Anstalten zur Untersuchung von Nahrungs- und Genussmitteln schon angestellten Sachverständigen den Befähigungsausweis unter Verzicht auf die vorgesehenen Prüfungen und deren Vorbedingungen zu ertheilen, den Leitern anderer als staatlicher Anstalten der vorbezeichneten Art jedoch nur, sofern sie nicht mit ihrem Einkommen ganz oder zum Theil auf die Einnahmen aus den Untersuchungsgebühren angewiesen sind;

2. anderen als den vorgedachten Sachverständigen den Befähigungsausweis unter gänzlichem oder theilweisem Verzicht auf die vorgesehenen Prüfungen und deren Vorbedingungen zu ertheilen, sofern diese Sachverständigen nach dem Gutachten einer der für die Prüfung von Nahrungsmittel-Chemikern eingesetzten Kommissionen nach ihrer wissenschaftlichen Vorbildung und praktischen Übung im wesentlichen den Anforderungen genügen, welche die neuen Bestimmungen an geprüfte Nahrungsmittel-Chemiker stellen.

§ 6. Diejenigen Chemiker, welche den Befähigungsausweis erhalten haben, sollen vorzugsweise berücksichtigt werden und zwar vornehmlich

a) bei der öffentlichen Bestellung (§ 36 der Gewerbeordnung) von Sachverständigen für Nahrungsmittel-Chemie,

b) bei der Auswahl von Gutachtern für die mit der Handhabung des Nahrungsmittelgesetzes in Verbindung stehenden chemischen Fragen, sowie

c) bei der Auswahl der Arbeitskräfte für die öffentlichen Anstalten zur technischen Untersuchung von Nahrungs- und Genussmitteln (§ 17 des Nahrungsmittelgesetzes).

Karlsruhe, den 18. August 1894.

Grossherzogliches Ministerium des Innern.

Eisenlohr.

6. Hessen.

Verordnung, die Prüfung der Nahrungsmittel-Chemiker betreffend. Vom 4. August 1894.

(Grossherzoglich Hessisches Regierungsblatt 1894 S. 295.)

Nachdem der Bundesrath in der Sitzung vom 22. Februar dieses Jahres beschlossen hat, den Bundesregierungen anheimzustellen, am Sitze der dafür geeigneten Universitäten und technischen Hochschulen Kommissionen zur Prüfung von Nahrungsmittel-Chemikern zu bilden, die Prüfungen nach den im Nachstehenden abgedruckten[1]) Vorschriften durchzuführen und auf Grund dieser Vorschriften Befähigungsausweise zu ertheilen, wird mit Allerhöchster Ermächtigung Seiner Königlichen Hoheit des Grossherzogs verordnet, wie folgt:

§ 1. An der Landesuniversität zu Giessen und der Technischen Hochschule zu Darmstadt werden Prüfungskommissionen für Nahrungsmittel-Chemiker errichtet.

Der Vorsitzende und die übrigen Mitglieder der Prüfungskommissionen werden von dem unterzeichneten Ministerium für jedes Prüfungsjahr ernannt.

§ 2. Den Prüfungen sind die im Nachstehenden abgedruckten[2]) Vorschriften zu Grunde zu legen und den als reif befundenen Prüflingen auf Grund dieser Vorschriften Befähigungsausweise zu ertheilen.

§ 3. Denjenigen Chemikern, welche den Befähigungsausweis erworben haben, soll eine vorzugsweise Berücksichtigung zu Theil werden, und zwar vornehmlich:

a) bei der öffentlichen Bestellung (§ 36 der Gewerbeordnung) von Sachverständigen für Nahrungsmittel-Chemie;

---

[1]) S. Anmerkung 1.
[2]) Dieselben stimmen mit den auf S. 7 ff. abgedruckten Vorschriften wörtlich überein.

b) bei der Auswahl von Gutachtern für die mit der Handhabung des Nahrungsmittelgesetzes in Verbindung stehenden chemischen Fragen, sowie

c) bei der Auswahl der Arbeitskräfte für die öffentlichen Anstalten zur technischen Untersuchung von Nahrungs- und Genussmitteln (§ 17 des Nahrungsmittelgesetzes).

§ 4. Die Bestimmungen dieser Verordnung treten mit dem 1. Oktober dieses Jahres in Kraft.

§ 5. Das unterzeichnete Ministerium ist ermächtigt, für den Zeitraum eines Jahres nach dem im § 4 bezeichneten Termine:

1. den als Leiter öffentlicher Anstalten zur Untersuchung von Nahrungs- und Genussmitteln schon angestellten Sachverständigen den Befähigungsausweis unter Verzicht auf die vorgesehenen Prüfungen und deren Vorbedingungen zu ertheilen, den Leitern anderer als staatlicher Anstalten der vorbezeichneten Art jedoch nur, sofern sie nicht mit ihrem Einkommen ganz oder zum Theil auf die Einnahmen aus den Untersuchungsgebühren angewiesen sind;

2. anderen als den vorgedachten Sachverständigen den Befähigungsausweis unter gänzlichem oder theilweisem Verzicht auf die vorgesehenen Prüfungen und deren Vorbedingungen zu ertheilen, sofern diese Sachverständigen nach dem Gutachten einer der für die Prüfungen von Nahrungsmittel-Chemikern eingesetzten Kommissionen nach ihrer wissenschaftlichen Vorbildung und praktischen Übung im wesentlichen den Anforderungen genügen, welche die neuen Bestimmungen an geprüfte Nahrungsmittel-Chemiker stellen.

Darmstadt, den 4. August 1894.

Grossherzogliches Ministerium des Innern und der Justiz.

I. V.: v. Knorr   Dr. Wagner.

7. Mecklenburg-Schwerin.

Verordnung, betreffend die Prüfung der Nahrungsmittel-Chemiker. Vom 7. September 1894.

(Regierungsblatt f. d. Grossherzogthum Mecklenburg-Schwerin 1894. S. 215.)

Friedrich Franz, von Gottes Gnaden Grossherzog von Mecklenburg, Fürst zu Wenden, Schwerin und Ratzeburg, auch Graf zu Schwerin, der Lande Rostock und Stargard Herr etc.

In Anlass des Bundesrathsbeschlusses vom 22. Februar d. J., welcher dahin geht, dass am Sitz der dafür geeigneten Universitäten und technischen Hochschulen Kommissionen zur Prüfung von Nahrungsmittel-Chemikern gebildet werden, die Prüfungen nach gemeinsamen Vorschriften geschehen und die nach Massgabe dieser Vorschriften ertheilten Befähigungsausweise in allen Bundesstaaten gleichmässige Geltung haben, bestimmen wir hierdurch, was folgt:

§ 1. In Rostock am Sitze Unserer Landesuniversität wird eine Prüfungskommission für Nahrungsmittel-Chemiker errichtet.

Die Ernennung des Vorsitzenden und der übrigen Mitglieder der Prüfungskommission erfolgt für jedes Prüfungsjahr durch Unser Ministerium, Abtheilung für Medicinalangelegenheiten.

§ 2. Die Prüfungen finden in Gemässheit der vom Bundesrath festgestellten und in der Anlage A hier angeschlossenen Vorschriften[1] statt.

---

[1] Dieselben stimmen mit den auf S. 7 ff. abgedruckten Vorschriften wörtlich überein.

§ 3. Der Ausweis über die Befähigung zur chemisch-technischen Beurtheilung von Nahrungsmitteln, Genussmitteln und Gebrauchsgegenständen wird auf Grund des § 1 und § 27 Absatz 3 der Anlage[1]) von Unserem Ministerium, Abtheilung für Medicinalangelegenheiten, ertheilt.

Dasselbe ist auch Centralbehörde im Sinne des § 16, Absatz 4 und § 31 der Anlage.[1])

§ 4. Unser Ministerium, Abtheilung für Medicinalangelegenheiten, kann innerhalb eines Jahres, nachdem diese Verordnung in Kraft getreten ist,

a) den als Leiter öffentlicher Anstalten zur Untersuchung von Nahrungs- und Genussmitteln schon angestellten Sachverständigen den Befähigungsausweis unter Verzicht auf die vorgesehenen Prüfungen und deren Vorbedingungen ertheilen, den Leitern anderer als staatlicher Anstalten der vorbezeichneten Art jedoch nur, sofern sie nicht mit ihrem Einkommen ganz oder zum Theil auf die Einnahmen aus den Untersuchungsgebühren angewiesen sind;

b) anderen als den vorgedachten Sachverständigen den Befähigungsausweis unter gänzlichem oder theilweisem Verzicht auf die vorgesehenen Prüfungen und deren Vorbedingungen ertheilen, sofern diese Sachverständigen nach dem Gutachten einer der für die Prüfung von Nahrungsmittel-Chemikern eingesetzten Kommissionen nach ihrer wissenschaftlichen Vorbildung und praktischen Übung im wesentlichen den Anforderungen genügen, welche die neuen Bestimmungen an geprüfte Nahrungsmittel-Chemiker stellen.

§ 5. Diese Verordnung tritt mit dem 1. Oktober d. J. in Kraft.

Nach dem genannten Bundesrathsbeschluss sollen diejenigen Chemiker, welche auf Grund der gemeinsamen Vorschriften den Befähigungsausweis in einem der Bundesstaaten erworben haben, überall vorzugsweise berücksichtigt werden, insbesondere

a) bei der öffentlichen Bestellung (§ 36 der Gewerbeordnung) von Sachverständigen für Nahrungsmittel-Chemie;

b) bei der Auswahl von Gutachtern für die mit der Handhabung des Nahrungsmittelgesetzes in Verbindung stehenden chemischen Fragen, sowie

c) bei der Auswahl der Arbeitskräfte für die öffentlichen Anstalten zur technischen Untersuchung von Nahrungs- und Genussmitteln (§ 17 des Nahrungsmittelgesetzes).

Wir erwarten und wollen, dass die Behörden und Anstaltsverwaltungen in vorkommenden Fällen demgemäss verfahren.

Gegeben durch Unser Ministerium, Abtheilung für Medicinalangelegenheiten.

Schwerin, am 7. September 1894.

Friedrich Franz.

von Amsberg.

Bekanntmachung, betreffend Beeidigung und Bestellung von Sachverständigen für Nahrungsmittel-Chemie. Vom 8. September 1894.

(Regierungsblatt für das Grossherzogthum Mecklenburg-Schwerin 1894. S. 226.)

Vom unterzeichneten Ministerium werden künftig Sachverständige für Nahrungsmittel-Chemie in Gemässheit des § 36 der Gewerbeordnung auf die Beobachtung der für die Untersuchung von Nahrungsmitteln, Genussmitteln und Gebrauchsgegenständen bestehenden Vorschriften beeidigt und öffentlich bestellt.

Die bei der öffentlichen Bestellung vorausgesetzten Eigenschaften sind Grossjährigkeit, Unbescholtenheit, die für den Beruf nöthige körperliche und geistige Rüstigkeit und der Besitz eines in einem deutschen Bundesstaat ertheilten Ausweises über die Befähigung zur chemisch-technischen Beurtheilung von Nahrungsmitteln, Genussmitteln und Gebrauchsgegenständen (§ 2, Anl. A und § 4 der Verordnung vom 7. d. M.)

Der Eid wird körperlich und in der Fassung der Anlage I abgeleistet.

Für die öffentlich bestellten Nahrungsmittel-Chemiker wird eine Taxe zunächst nicht eingeführt; die Bezahlung ihrer Arbeiten bestimmt sich deshalb nach der Vereinbarung mit den Arbeitgebern, in Streitfällen nach richterlichem Ermessen.

Dem Antrage auf Beeidigung und öffentliche Bestellung ist der Nachweis der in Absatz 2 genannten Voraussetzungen und die Bescheinigung anzuschliessen, dass der Antragsteller im Grossherzogthum seinen Wohnsitz hat.

Schwerin, am 8. September 1894.

Grossherzoglich Mecklenb. Min., Abth. f. Med.-Angeleg.

von Amsberg.

Anlage I.

Ich schwöre bei Gott dem Allmächtigen und Allwissenden, dass ich in allem, was zur chemisch-technischen Untersuchung von Nahrungsmitteln, Genussmitteln und Gebrauchsgegenständen gehört, gewissenhaft, redlich und unparteiisch verfahren, die Arbeiten in jedem Fall nach bestem Wissen und Können und nach den Regeln des Fachs ausführen, die für meinen Beruf geltenden Gesetze und Vorschriften genau befolgen und mich überhaupt so verhalten will, wie es einem ordentlichen und tüchtigen Manne meines Berufes gebührt, so wahr mir Gott helfe!

8. Sachsen-Meiningen.

Bekanntmachung, betreffend die Prüfung der Nahrungsmittel-Chemiker. Vom 30. März 1895.

(Reg.-Bl. f. d. Herzogth. Sachs.-Mein. 1895 S. 390.)

Durch den Bundesrathsbeschluss vom 22. Februar v. J., betreffend die Prüfung von Nahrungsmittel-Chemikern, ist den Bundesregierungen u. a. empfohlen worden, während der vom 1. Oktober 1894 bis 1. Oktober 1895 laufenden Übergangszeit Sachverständigen der Nahrungsmittel-Chemie den Befähigungsausweis unter gänzlichem oder theilweisem Verzicht auf die vorgesehenen Prüfungen und deren Vorbedingungen zu ertheilen, sofern diese Sachverständigen nach dem Gutachten einer der für die Prüfung von Nahrungsmittel-Chemikern eingesetzten Kommissionen nach ihrer wissenschaftlichen Vorbildung und praktischen Übung im wesentlichen den Anforderungen genügen, welche die neuen Bestimmungen an geprüfte Nahrungsmittel-Chemiker stellen.

Falls im Herzogthum wohnhafte Sachverständige der Nahrungsmittel-Chemie den Befähigungsausweis hiernach zu erlangen wünschen sollten, so wollen sie dies unter Vorlegung eines kurzen Lebenslaufes und von Zeugnissen über ihre wissenschaftliche Vorbildung und praktische Thätigkeit — Apotheker auch unter Vorlegung des Approbationsscheins — bis 30. April d. J. der unterzeichneten Behörde melden.

Die vom Bundesrath beschlossenen Bestimmungen über die Prüfung der Nahrungsmittel-Chemiker werden von unserer Registratur auf Wunsch zur Einsicht mitgetheilt werden.

Meiningen, den 30. März 1895.

Herzogl. Staatsministerium, Abth. d. Innern.

M. v. Butler.

9. *Braunschweig.*

Bekanntmachung des Herzoglichen Staatsministeriums, betreffend die Prüfung von Nahrungsmittel-Chemikern. Vom 20. August 1894.

(Gesetz- und Verordnungssammlung S. 133.)

Nachdem die Bundesregierungen übereingekommen sind, am Sitze der dafür geeigneten Universitäten und technischen Hochschulen Kommissionen zur Prüfung von

— 45 —

Nahrungsmittel-Chemikern zu bilden, die Prüfungen nach gleichmässigen Vorschriften stattfinden zu lassen und den auf Grund derselben erlangten Befähigungsausweisen Gültigkeit für den Umfang des ganzen Reiches beizulegen, bestimmen wir mit Höchster Genehmigung Seiner Königlichen Hoheit, des Prinzen Albrecht von Preussen etc., Regenten des Herzogthums Braunschweig, was folgt:

§ 1. Im Anschluss an die Herzogliche technische Hochschule zu Braunschweig werden Prüfungskommissionen für Nahrungsmittel-Chemiker, eine Vorprüfungs- und eine Hauptprüfungskommission, errichtet. Die Mitglieder der Prüfungskommissionen mit Einschluss der Vorsitzenden werden, immer auf 3 Jahre, vom Staatsministerium ernannt; die Namen derselben werden öffentlich bekannt gemacht.

Die Oberaufsicht über die Thätigkeit der Prüfungskommissionen wird vom Staatsministerium geübt und geordnet.

§ 2. Den Prüfungen sind die aus der Anlage ersichtlichen Vorschriften[1]) zu Grunde zu legen.

§ 3. Die Centralbehörde beziehungsweise die zuständige Behörde im Sinne des § 16 Abs. 4, § 27 Abs. 3, § 28 Abs. 1 und § 31 der Prüfungsvorschriften ist das Staatsministerium.

Über die Zulassung der im § 5 No. 1 und 2 der Prüfungsvorschriften vorgesehenen Ausnahmen, sowie über die Anerkennung der Diplomprüfungen (§ 16 Abs. 2) entscheidet dasselbe im Einvernehmen mit dem Reichskanzler.

§ 4. Gesuche um Zulassung zu den Prüfungen sind an den Vorsitzenden der betreffenden Kommission zu richten und in der Kanzlei der technischen Hochschule abzugeben, woselbst auch die Prüfungsgebühren einzuzahlen sind.

§ 5. Das Laboratorium der technischen Hochschule

---

[1]) Dieselben stimmen mit den auf S. 7 ff. abgedruckten Vorschriften wörtlich überein.

wird nebst den sonst erforderlichen Räumen den Prüfungskommissionen zur Vornahme der Prüfungen von der genannten Anstalt zur Verfügung gestellt.

Die Sekretariats-, Registratur- und Kassengeschäfte bei den Prüfungskommissionen besorgt der Sekretär der technischen Hochschule.

§ 6. Die Prüfungskommissionen führen ein Siegel mit dem Braunschweigischen Pferde und der Umschrift: „Herzogliche Prüfungskommission für Nahrungsmittel-Chemiker zu Braunschweig."

§ 7. Die Prüfungseinrichtungen treten mit dem 1. Oktober dieses Jahres in das Leben.

§ 8. Das Staatsministerium behält sich vor, innerhalb Jahresfrist von dem in § 7 bezeichneten Zeitpunkte an

1. den als Leiter öffentlicher Anstalten zur Untersuchung von Nahrungs- und Genussmitteln angestellten Sachverständigen den Befähigungsausweis unter Verzicht auf die vorgeschriebenen Prüfungen und deren Vorbedingungen zu ertheilen, den Leitern anderer als staatlicher Anstalten der vorbezeichneten Art jedoch nur, insofern sie nicht mit ihrem Einkommen ganz oder zum Theil auf die Einnahmen aus den Untersuchungsgebühren angewiesen sind;

2. anderen als den vorgedachten Sachverständigen den Befähigungsausweis unter gänzlichem oder theilweisem Verzicht auf die vorgeschriebenen Prüfungen und deren Vorbedingungen zu ertheilen, sofern diese Sachverständigen nach dem Gutachten der für die Hauptprüfung eingesetzten Kommission nach ihrer wissenschaftlichen Vorbildung und praktischen Übung im wesentlichen den Anforderungen genügen, welche die neuen Bestimmungen an geprüfte Nahrungsmittel-Chemiker stellen.

Anträge auf Ertheilung des Befähigungsausweises auf Grund dieser Übergangsbestimmungen sind an das Staatsministerium zu richten und für den Vorsitzenden der Hauptprüfungskommission in der Kanzlei der technischen Hochschule abzugeben.

§ 9. Denjenigen Chemikern, welche den Befähigungsausweis erworben haben, soll eine vorzugsweise Berücksichtigung zu Theil werden, vornehmlich

1. bei der öffentlichen Bestellung (§ 36 der Gewerbeordnung) von Sachverständigen für Nahrungsmittel-Chemie;

2. bei der Auswahl von Gutachtern für die mit der Handhabung des Nahrungsmittelgesetzes in Verbindung stehenden Fragen;

3. bei der Auswahl der Arbeitskräfte für die öffentlichen Anstalten zur Untersuchung von Nahrungs- und Genussmitteln (§ 17 des Nahrungsmittelgesetzes).

Braunschweig, den 20. August 1894.

Herzogl. Braunschw.-Lüneb. Staats-Ministerium.

Hartwieg.

10. Hamburg.

Verordnung, betreffend die Prüfung der Nahrungsmittel-Chemiker. Vom 17. Juni 1895.

(Amtsbl. S. 407.)

Durch Bundesrathsbeschluss vom 22. Februar 1894 ist den Bundesregierungen anheimgestellt, am Sitze der dafür geeigneten Universitäten und technischen Hochschulen Kommissionen zur Prüfung von Nahrungsmittel-Chemikern zu bilden. Die Bundesregierungen sind ersucht, für den Fall der Errichtung solcher Prüfungskommissionen den Prüfungen die aus der Anlage ersichtlichen Vorschriften[1]) zu Grunde zu legen und den als reif befundenen Prüflingen auf Grund dieser Vorschriften Befähigungsausweise zu ertheilen.

In Anlass dieses Bundesrathsbeschlusses wird hierdurch für das Hamburgische Staatsgebiet Nachstehendes verordnet:

---

[1]) S. S. 7 ff.

§ 1. Denjenigen Chemikern, welche den Befähigungsausweis erworben haben, soll eine vorzugsweise Berücksichtigung zu Theil werden, und zwar vornehmlich:

a) bei der öffentlichen Bestellung (§ 36 der Gewerbeordnung) von Sachverständigen für Nahrungsmittel-Chemie,

b) bei der Auswahl von Gutachtern für die mit der Handhabung des Nahrungsmittelgesetzes in Verbindung stehenden chemischen Fragen sowie

c) bei der Auswahl der Arbeitskräfte für die öffentlichen Anstalten zur technischen Untersuchung von Nahrungs- und Genussmitteln (§ 17 des Nahrungsmittelgesetzes).

§ 2. Als staatliche Anstalten zur technischen Untersuchung von Nahrungs- und Genussmitteln im Sinne des § 16 Absatz 1 Ziffer 4 der Vorschriften gelten in Hamburg das Chemische Staats-Laboratorium und das Hygienische Institut.

§ 3. Bis zum 1. Oktober 1895 gelten für den Erwerb des Befähigungsausweises folgende Übergangsbestimmungen:

1. Den als Leiter öffentlicher Anstalten zur Untersuchung von Nahrungs- und Genussmitteln schon angestellten Sachverständigen wird der Befähigungsausweis unter Verzicht auf die Prüfungen und deren Vorbedingungen ertheilt, den Leitern anderer als staatlicher Anstalten der vorbezeichneten Art jedoch nur, sofern sie nicht mit ihrem Einkommen ganz oder zum Theil auf die Einnahmen aus den Untersuchungsgebühren angewiesen sind.

Anderen als den vorgedachten Sachverständigen wird der Befähigungsausweis unter gänzlichem oder theilweisem Verzicht auf die vorgesehenen Prüfungen und deren Vorbedingungen ertheilt, sofern sie nach dem Gutachten einer der für die Prüfung von Nahrungsmittel-Chemikern eingesetzten Kommissionen nach ihrer wissenschaftlichen Vorbildung und praktischen Übung im wesentlichen den Anforderungen genügen, welche die neuen Bestimmungen an geprüfte Nahrungsmittel-Chemiker stellen.

2. Von der hiesigen Behörde wird der Befähigungsausweis den vorstehend unter Nr. 1 Abs. 1 genannten Sachverständigen nur dann ertheilt, wenn die betreffende Anstalt in Hamburg ihren Sitz hat. Zur Ertheilung des Befähigungsausweises an die unter Nr. 1 Abs. 2 genannten Sachverständigen ist die Hamburgische Behörde nur dann zuständig, wenn der Gesuchsteller in Hamburg seinen Wohnsitz hat.

3. Personen, welche nach vorstehender Bestimmung (No. 2) den Befähigungsausweis in Hamburg zu erwerben haben, haben ihre Gesuche unter Vermittelung ihrer vorgesetzten Behörde mit den erforderlichen Nachweisen bei dem Medicinalkollegium einzureichen, welches auch — nöthigenfalls nachdem von ihm das Gutachten einer der für die Prüfungen eingesetzten Kommissionen eingeholt ist — den Befähigungsausweis ertheilt.

Gegeben in der Versammlung des Senats,

Hamburg, den 17. Juni 1895.

11. Elsass-Lothringen.

Verfügung des Ministeriums, Abtheilung des Innern, betreffend Prüfung der Nahrungsmittel-Chemiker. Vom 21. Juli 1897.

In Ausführung des Bundesrathsbeschlusses vom 22. Februar 1894 werden für Elsass-Lothringen eine Kommission für die Vorprüfung und eine Kommission für die Hauptprüfung der Nahrungsmittel-Chemiker in Strassburg eingesetzt. Die Kommissionen treten am 1. Oktober 1897 in Thätigkeit. Meldungen für die Zulassung zur Prüfung sind an den Vorsitzenden zu richten. . . . . .

IV.

Verzeichniss der Anstalten zur technischen Untersuchung von Nahrungs- und Genussmitteln, an welchen die nach § 16 Abs. 1 Ziffer 4 und Abs. 4 der Prüfungsvorschriften für Nahrungsmittel-Chemiker vorgeschriebene $1^1/_2$ jährige praktische Thätigkeit in der technischen Untersuchung von Nahrungs- und Genussmitteln zurückgelegt werden kann.

1. Das chemische Laboratorium des Kaiserlichen Gesundheitsamts in Berlin.

2. Preussen.

Das hygienisch-chemische Laboratorium in der Königlichen Kaiser-Wilhelms-Akademie für das militärärztliche Bildungswesen in Berlin.

Die landwirthschaftliche Versuchsstation des landwirthschaftlichen Vereins für Rheinpreussen in Bonn.

Die agrikulturchemische Versuchsstation der Landwirthschaftskammer für die Provinz Schlesien in Breslau.

Die Kontrolstation des land- und forstwirthschaftlichen Hauptvereins in Göttingen.

Die Versuchsstation des landwirthschaftlichen Centralvereins der Provinz Sachsen in Halle a. S.

Die Versuchsstation des ostpreussischen landwirthschaftlichen Centralvereins in Königsberg i. Ostpr.

Die agrikulturchemische Versuchsstation des landwirthschaftlichen Centralvereins in Marburg.

Die landwirthschaftliche Versuchsstation des landwirthschaftlichen Provinzialvereins für Westfalen in Münster i. W.

Das Institut für Gährungsgewerbe in Berlin.

Das städtische chemische Untersuchungsamt in Breslau.

Das städtische Lebensmittel-Untersuchungsamt in Hannover.

— 51 —

3. Bayern.

Das pharmaceutische Institut und Laboratorium für angewandte Chemie an der Universität München.

Das technologische Institut an der Universität Würzburg.

Das pharmaceutische Institut an der Universität Erlangen.

Das Laboratorium für angewandte Chemie an der Universität Erlangen.

Das gährungs-chemische Laboratorium der technischen Hochschule in München.

Das Laboratorium der mit der technischen Hochschule in München verbundenen landwirthschaftlichen Centralversuchsstation in München.

Die Königlichen Untersuchungsanstalten für Nahrungs- und Genussmittel zu München, Erlangen und Würzburg.

4. Sachsen.

Die chemische Centralstelle für öffentliche Gesundheitspflege in Dresden.

Das hygienische Institut an der Universität Leipzig.

Das Laboratorium für angewandte Chemie an der Universität Leipzig.

Die landwirthschaftliche Untersuchungsstation in Möckern.

Die agrikulturtechnische Versuchsstation in Pommritz.

5. Württemberg.

Das chemische Laboratorium der Centralstelle für Gewerbe und Handel in Stuttgart.

Das Laboratorium für chemische Technologie an der technischen Hochschule in Stuttgart.

Das Laboratorium des technologischen Instituts der landwirthschaftlichen Akademie Hohenheim.

Das chemische Laboratorium der Stadt Stuttgart.

6. Baden.

Die Lebensmittelprüfungsstation der technischen Hochschule in Karlsruhe.

Die Grossherzogliche landwirthschaftlich-chemische Versuchsanstalt in Karlsruhe.

Die städtische Anstalt zur Untersuchung von Lebensmitteln in Heidelberg.

Die städtische Anstalt zur Untersuchung von Lebensmitteln in Freiburg.

7. Hessen.

Die Grossherzogliche Prüfungs- und Auskunftsstation für die Gewerbe in Darmstadt.

Das chemische Untersuchungsamt in Darmstadt (Anstalt der Stadt und der umliegenden Kreise).

Die pharmaceutische Abtheilung des chemischen Laboratoriums der Landes-Universität in Giessen.

Das chemische Untersuchungsamt für die Provinz Oberhessen in Giessen.

Das chemische Untersuchungsamt für die Provinz Rheinhessen in Mainz.

Das chemische Untersuchungsamt in Offenbach (Anstalt des Kreises und der Stadt Offenbach).

8. Mecklenburg-Schwerin.

Die pharmaceutische Abtheilung des chemischen Universitäts-Laboratoriums in Rostock.

Die agrikulturchemische Abtheilung der landwirthschaftlichen Versuchsstation in Rostock.

9. Braunschweig.

Das Laboratorium für synthetische und pharmaceutische Chemie an der technischen Hochschule in Braunschweig.

Die landwirthschaftliche Versuchsstation des landwirthschaftlichen Centralvereins für das Herzogthum Braunschweig in Braunschweig.

10. Anhalt.

Das öffentliche Laboratorium des Chemikers Dr. Karl Heyer in Dessau.

Das Laboratorium des Nahrungsmittel-Chemikers Dr. Max Pusch in Cöthen.

11. Bremen.

Das unter staatlicher Leitung stehende chemische Laboratorium in Bremen.

12. Hamburg.

Das chemische Staats-Laboratorium in Hamburg.
Das hygienische Institut in Hamburg.

13. Elsass-Lothringen.

Das chemische Laboratorium der Kaiserlichen Polizeidirektion in Strassburg.

Das chemische Laboratorium der Kaiserlichen Polizeidirektion in Metz.

Die landwirthschaftliche Versuchsstation in Colmar.

Verlag von Julius Springer in Berlin N.

Zeitschrift
für
Untersuchung der Nahrungs- und Genussmittel,
sowie der Gebrauchsgegenstände.

Unter Mitwirkung von

Prof. Dr. M. Barth-Colmar, Dr. A. Bömer-Münster i. W., Prof. Dr. R. Emmerich-München, Dr. J. Mayrhofer-Mainz, Prof. Dr. Schaer-Strassburg, Dr. R. Sendtner-München, Dr. W. Thörner-Osnabrück, Dr. K. Windisch-Berlin und Dr. A. Würzburg-Berlin

herausgegeben von

Dr. K. v. Buchka, **Dr. A. Hilger,** **Dr. J. König,**
Professor, Regierungsrath und Mitglied des Kaiserl. Gesundheitsamtes, Professor a. d. Univ. München, Direktor d. K. Untersuchungsanstalt, Professor a. d. K. Akademie, Vorst. der Versuchsstation Münster i. W.

Monatlich ein Heft von etwa 64—72 Seiten Grossoktav.
Preis des Jahrgangs von 12 Heften M. 20,—.

Vereinbarungen
zur
einheitlichen Untersuchung und Beurtheilung
von
Nahrungs- und Genussmitteln
sowie Gebrauchsgegenständen
für das
Deutsche Reich.

Ein Entwurf

festgestellt nach den Beschlüssen der auf Anregung des
Kaiserlichen Gesundheitsamtes
einberufenen Kommission deutscher Nahrungsmittel-Chemiker.
— *Heft I.* —
Preis M. 3,—.

Zeitschrift für angewandte Chemie.
Organ des Vereins Deutscher Chemiker.
Herausgeber: **Prof. Dr. Ferd. Fischer.**
Erscheint wöchentlich.

Preis für den Jahrgang M. 20,—.
Im Buchhandel auch Vierteljahres-Abonnements zu M. 5,—.

Zu beziehen durch jede Buchhandlung.

Verlag von Julius Springer in Berlin N.

Hilfsbuch für Nahrungsmittelchemiker
auf Grundlage der Vorschriften
betreffend die
Prüfung der Nahrungsmittelchemiker.
Von
Dr. Alfons Bujard und **Dr. Eduard Baier,**
Chemiker am städtischen chemischen Laboratorium in Stuttgart.
Mit in den Text gedruckten Abbildungen.
In Leinwand gebunden Preis M. 8,—.

Chemie
der
menschlichen Nahrungs- und Genussmittel.
Von
Dr. J. König,
o. Hon.-Professor der Kgl. Akademie und Vorsteher der agrik.-chem. Versuchsstation
in Münster i. W.

Erster Theil: **Chemische Zusammensetzung der menschlichen Nahrungs- und Genussmittel.** Nach vorhandenen Analysen mit Angabe der Quellen zusammengestellt. Mit einer Einleitung über die Ernährungslehre. Dritte, sehr vermehrte und verbesserte Auflage. Mit in den Text gedruckten Abbildungen. In Leinwand gebunden Preis M. 25,—. (z. Zt. vergriffen.)

Zweiter Theil: **Die menschlichen Nahrungs- und Genussmittel,** ihre Herstellung, Zusammensetzung und Beschaffenheit, ihre Verfälschungen und deren Nachweis. Dritte, sehr vermehrte und verbesserte Auflage. Mit in den Text gedruckten Abbildungen. In Leinwand gebunden Preis M. 30,—. (z. Zt. vergriffen.)

(Neue, auf drei Bände berechnete Auflage, von denen der erste voraussichtlich noch im Laufe dieses Jahres erscheinen wird, befindet sich in Vorbereitung.)

Mikroskopische Wasseranalyse.
Anleitung
zur
Untersuchung des Wassers
mit besonderer Berücksichtigung
von Trink- und Abwasser.
Von
Dr. C. Mez,
Professor an der Universität zu Breslau.
Mit 8 lithographirten Tafeln und in den Text gedruckten Abbildungen.
Preis M. 20,—; in Leinwand gebunden M. 21,60.

Zu beziehen durch jede Buchhandlung.

If you have any concerns about our products,
you can contact us on
ProductSafety@springernature.com

In case Publisher is established outside the EU,
the EU authorized representative is:
**Springer Nature Customer Service Center GmbH
Europaplatz 3, 69115 Heidelberg, Germany**

Printed by Libri Plureos GmbH
in Hamburg, Germany